数字无处不在，
为什么数字
这么重要？
数字都有什么用？
数字中藏着什么信息？

什么是数字

数字可以指路

数字让游戏更有趣

数字赋予货币价值

数字解锁"秘境"

认识时钟

数字告知时间

数字让生活更有秩序

数字记录流逝的岁月

数字在体育运动中的妙用

数字让分东西变简单

数字在学校随处可见

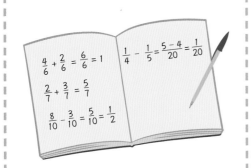

数字在家中"大显身手"

数字能测量和称重

数字制定规则

数字透露个人信息

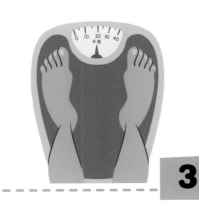

数字传达世界讯息

什么是数字

你对数字并不陌生吧？在你还不懂数字的意思和用法时，可能就接触了它们。**数字**是决定数量和顺序的符号。在实际生活中，它们无处不在。

在家中、商店、街道和学校等地方都可以看到数字的身影。数字在日常生活中起着非常重要的作用，如果没有数字，生活中会有很多麻烦呦！

0 1 2 3 4 5 6 7 8 9

零 一 二 三 四 五 六 七 八 九

0~9，每个数字的含义各不相同。看似简单的10个数字却可以组成你想要的任何数。你只要任选几个数字组合起来，就可以了！

数字分为正数和负数。负数前面有负号，表示小于0。你可以想象一下，一栋房子有些楼层位于地面之上，有些楼层位于地面之下。

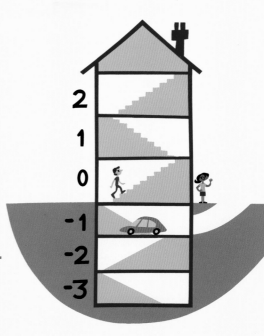

-5 -4 -3 -2 -1 0 1 2 3 4 5

数字有许多用途，比如：

报数

计算

测量

＋ ＝

或者让生活变得井然有序。

数字的用处还有很多，一起来看看吧!

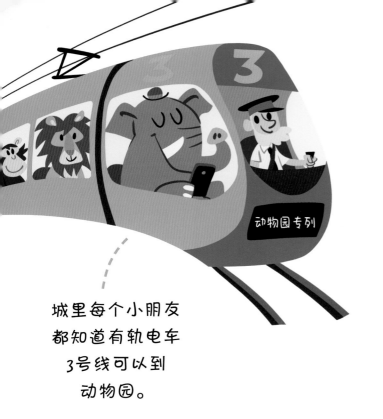

城里每个小朋友都知道有轨电车3号线可以到动物园。

我想去66号公路兜风，你想一起吗？

没有全球卫星定位系统（GPS）就没法找到狩猎小屋。

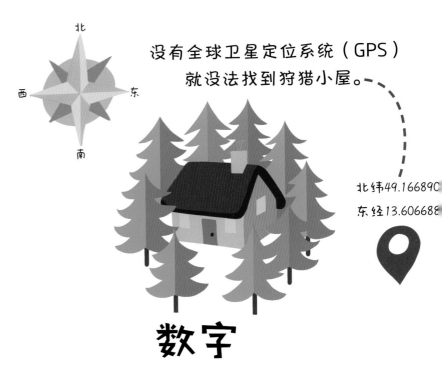

北纬49.166890
东经13.606688

数字
可以指路

数字告诉人们方向和距离。多亏了数字，人们才知道该走哪条路，能坐哪路公交车，才能把书翻到自己想看的那一页，还能找到朋友的住处。因为数字能够指路，所以人们才不会迷路。

我最喜欢第18页关于龙的故事。

6

我的房间是7号！终于可以休息了！

奶奶住在花园街25号。

理发店在5楼。坐电梯上去吧！

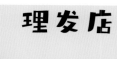

理发店

我们在这里

5 4 3 2 1

5千米

2千米

池塘太远了，我还是去城堡吧。

数字让
游戏更有趣

数字决定下棋的时候走几步、怎么走，也能让我们进入下一轮游戏或者赢一场纸牌游戏，数字充满了乐趣！此外，跳房子、掷骰子、数字连线画图等游戏，可以教你认识、朗读和排列数字。

每一行、每一列都
必须有数字1、2、3、4。
你能填入正确的数字吗？

真搞不懂，
为什么蓝色的和红色的看起来一样，
但蓝色的这盒更贵。

虽然看不到价格，
但扫一扫条形码就
知道了。

数字赋予
货币价值

数字能表示物品的价格。知道了价格，才能带够钱把心心念念的东西买回家，或是在餐厅美美吃上一顿。价格标签、纸币、硬币和商品目录中的特价玩具上都能见到数字的身影。

菜单

开胃菜	69
汤	65
主菜	230
甜品	89
咖啡	45
柠檬水	55

553元？
一顿简单
的午饭而已，
这也太贵了吧？

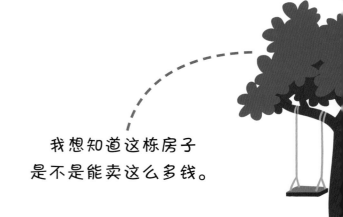

我想知道这栋房子
是不是能卖这么多钱。

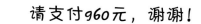
请支付960元，谢谢！

我是用纸币和硬币付款，
还是用银行卡呢？

太好了！
我终于存够钱买
一直想要的那个
机器人了。

要不要买滑雪板呢？
夏天买真的便宜不少。

出售中
8 450 000

运动用品商店
反季节商品
打折
60%

这是一组
数字密文。
快点破解它！

16,21,20,20,25,11,16,22,
13,26,1,13,8,26,21,1,16,23,
26,23,2,16,12,26,3,11,2,
11,23,15,1,23,16,23,21,
10,23,26,1

数字
解锁"秘境"

数字能带我们进入别人到不了的"秘境"。数字的组合让人们可以打开

房门和装满贵重物品的保险箱、解锁手机屏幕、从自助取款机取钱等。

简而言之，数字能够保护财产安全，防止被小偷或别有用心的人偷走。

此外，如果你能知道方法的话，还可以使用数字破译密文，找到宝藏！

只有我知道
我的手机密码。

8，4，5，1，3，
成功打开
家庭保险箱！

认识时钟

放慢脚步，先来了解一下时间吧。

人们几乎每天都会看到钟表上的数字。时间会影响日常生活中的很多事，人们管理好时间，生活才能更有条理，并且能避免很多不愉快的事。

出发时间
15:12

读懂钟表上的时间有点难，因此你需要花点时间学习怎么看时钟。时钟上的大小格子把时间分为小时、分钟和秒。不是所有时钟都是一样的，有些是带指针的，有些是显示数字的。

短针
表示小时。

长针
表示分钟。

带指针的时钟

钟面上标有数字1~12，还有两根一直转圈的指针。

数字时钟

数字时钟上的数字用于显示时间。

冒号前面的数字
表示小时。

冒号后面的数字表示分钟。

怎样读懂时间

一天有24小时，每小时有60分钟。作为一个初学者，你可以从认识一刻钟、半小时和三刻钟，以及它们具体有多少分钟开始。很快你就更了解时间了。

1/4小时=15分钟

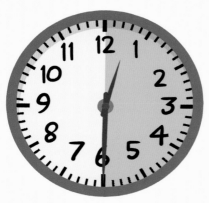

1/2小时=30分钟

1小格=1分钟

1小时=60分钟

3/4小时=45分钟

太阳时钟

罗马数字

有时数字会长得不一样，它们看起来一点也不像数字，比如罗马数字，样子更像字母。

1	I	7	VII
2	II	8	VIII
3	III	9	IX
4	IV	10	X
5	V	11	XI
6	VI	12	XII

时间不等人，让我们继续吧！

数字
告知时间

数字能告诉人们现在几点，什么时间该去哪，火车[的具体时间，等等。整个世界都离不开时间，时间掌管着一切：与朋友见面要约定时间，上学或看医[要准时，做午饭也需要时间，太早到朋友的生日派[没有意义，对吧？

老建筑通常装有罗马数字时钟。

毕加索
蓝色时期
1901—1904

第一个到的人有惊喜。

对我来说，明天是个重要的日子。

8月

站台 3

3

EC129 布拉格 12:34

火车12点34分出发。

你难道看不懂吗？牌子上写着早上7点到晚上9点不准停车！

数字让

生活更有秩序

数字让生活井然有序。护照编号用于识别护照持有者的身份；汽车牌照对应车的主人。数字还能告诉人们火车站台的号码、电影院的座位号，告诉服务员该把菜端到哪一桌。总之，数字在生活中作用很大。

每本护照都有独一无二的编号。

开往帕尔杜比采的火车晚点了。

型号	终点		站台	出发时间	延迟
Os	445	布热茨拉夫	2	10:10	
EC	123	布拉格	3	10:16	
R	863	布尔诺	6	10:18	
Os	9301	科林	4	10:21	
Os	8657	帕尔杜比采	5	10:00	20

Os：慢型区域列车　　EC：欧洲城市列车　　R：慢速行驶长途车

这是主厨
为5号桌准备的惊喜。

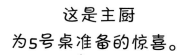

我们的座位在这里，
快点！电影要开场了。

我这周有
好多事要处理。

我帮不上忙，
得打电话求助了。

车牌必须时刻
清晰可见。

即使过了这么多年，
这幅画颜色还这么鲜艳，太震撼了！

文森特·梵高
《麦田上的鸦群》
1890年

数字记录
流逝的岁月

数字可以表示事情发生的时期，将人们带回到过去。数字可以表示年龄，告诉人们图书馆是何时建造的，告诉你某位著名作家或统治者的生卒年份，以及食物是不是过期了，等等。

安徒生
去世了，
真可惜！

汉斯·克里斯琴·安徒生
1805~1875

这家老字号面包房已经
开了200年啦！

面包房
1823

这些都是数字吗？
太难认了。

我是2023年1月2日
凌晨1点23分出生的！

今天是我们的80岁寿辰。

可恶！酸奶过期了！

妈妈你看！我得了亚军！

数字在
体育运动
中的妙用

数字可用于判定体育成绩，比如跑得多快或跳得多远，然后决出名次。秒表的测量精度能达到0.01秒，计时器会告诉棋手还有多少时间考虑下一步棋，或者显示一场比赛已进行了多长时间。如果没有数字，你就不知道那记漂亮的球是谁进的。

索菲，你现在的车速是多少？

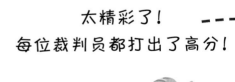

太精彩了！每位裁判员都打出了高分！

第32分钟进的球真漂亮！

48秒！
新的世界纪录
诞生了！

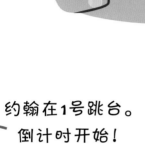

我最喜欢的
73号运动员
又一次夺得了1500米
长跑冠军！

约翰在1号跳台。
倒计时开始！
3，2，1，
跳！

快到时间了，
我要下到E6还是F7呢？

数字让
分东西变简单

3个饥肠辘辘的小朋友怎么分1个苹果呢？很简单，把苹果平均分成3份，就可以一起享用美味了！

1=整个披萨

$\frac{1}{2}$ =半个披萨

哇，是披萨！1个人可以吃完整个披萨。2个人可以对半分。4个人的话，每个人就吃四分之一。人数越多，披萨切成的份数也越多。

$\frac{1}{4}$ =四分之一个披萨

24

为什么要把一个整数分成几份呢？因为有时并不需要一个完整的数字。被分割之后得到的数称为**分数**。

分数表达方式如下所示：

$$\frac{1}{10}$$

上面的数字表示1份，下面的数字表示总份数。人们可以把任何数分成想要的份数。比如伐木工把一根很长的木头分为10个相等的部分，这样放进火炉烧火会更方便。

在数学中经常会用到分数，在学校里也会学到分数。然而在日常生活中更常用到的是**小数**。跟分数一样，小数也可以表示整数的一部分。小数的优势在于它们总能均分成10份。看看尺子就知道这一点是如何办到的了。

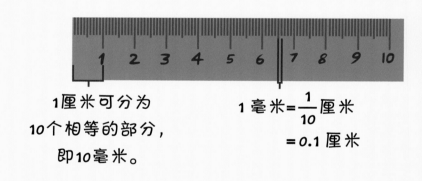

1厘米可分为10个相等的部分，即10毫米。

1毫米 = $\frac{1}{10}$ 厘米 = 0.1 厘米

小数包含一个小数点，如**0.3**。小数点前面的数字表示整数，小数点后面的数字是所占10份的份数。

小数的优势在于它能够显示一个整体被分成了几部分。十进制使得数字表达更为准确。毫无疑问，吃一整条巧克力跟吃一小格巧克力是不一样的。

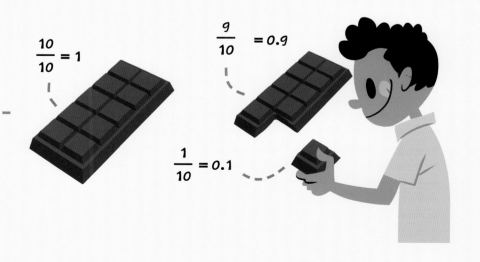

$\frac{10}{10} = 1$

$\frac{9}{10} = 0.9$

$\frac{1}{10} = 0.1$

你以后会在学校学到这些知识。那现在，提前带你去学校里看一看？

这个学年，皮特的书柜是1号。

来看看公元前1世纪的古埃及女王克莱奥帕特拉七世。

古埃及

克莱奥帕特拉
公元前69~30

你能检查一下我的数学作业吗？

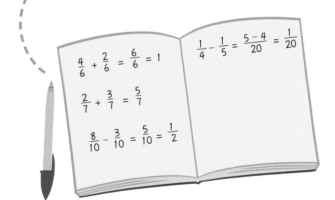

$$\frac{4}{6} + \frac{2}{6} = \frac{6}{6} = 1 \qquad \frac{1}{4} - \frac{1}{5} = \frac{5-4}{20} = \frac{1}{20}$$

$$\frac{2}{7} + \frac{3}{7} = \frac{5}{7}$$

$$\frac{8}{10} - \frac{3}{10} = \frac{5}{10} = \frac{1}{2}$$

数字

在学校
随处可见

说到学校里的数字，就不得不提到数学的加减乘除运算、分数、角度和课程表等。数字在学校里随处可见，在体育课、历史课和地理课上都能看到数字。你在学校里也会学习如何正确使用数字。

长度正好是15厘米。

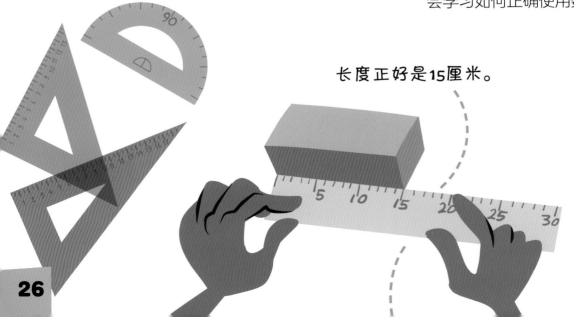

课程表

	周一	周二	周三	周四	周五
第一节	数学	语文	英语	体育	科学
第二节	语文	音乐	数学	语文	英语
第三节	英语	科学	语文	音乐	美术
第四节	体育	体育	数学	数学	数学
第五节	科学	数学	×	美术	语文

因为周三只有4节课，所以我最喜欢周三。

$$83 + 38 = 121$$

1 × 3 +2　2 × 3 +2

3 × 3 +2

我觉得我算对了。

她真的跳了4米吗？

还有1个小时才能吃午饭！

数字
在家中"大显身手"

数字帮助人们管理日常生活，让生活变得简单又轻松。家中的许多物品上都有数字：多亏了量杯和厨房秤上的数字，家人才能烤出美味的蛋糕。温度计上的数字提示你该穿什么衣服，遥控器上的数字让你能换到喜欢的频道。数字还能标明瓶子里有多少果汁，新买的冰箱能不能搬进门，等等。

烘焙
离不开量杯
和厨房秤。

外面零下10度。
苏蒂，
看来今天你要
在家呆着了。

天哪！
冰箱确实
搬不进去。

妈妈的晚礼服必须用
30度的水清洗。
温度太高
会把裙子烫坏。

我最喜欢的节目在
第5频道播出。

我讨厌闹钟！
又到7点了！

果汁 1升

糖浆 1升

牛奶 1升

这些瓶子形状各异，
但容量都是1升。

29

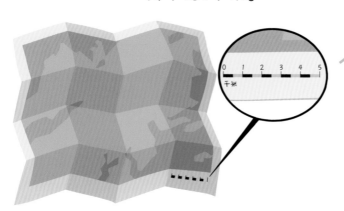

地图上的1厘米相当于现实中的1千米。

数字
能测量和称重

数字可以表示某个东西的容量、大小或重量。大小不同的杯子，装的饮料也不一样多，背包的容量决定包里能装多少东西。没有数字，人们就不知道离目的地还有多远，也不知道老虎的身长。车速表上的数字显示当前车速有多快，杠铃上的数字提示人们是否要冒险举起它。

还有20千米才到家，我要加把劲儿了。

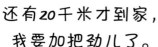

耶姆尼采	20
德少夫	20
舒木纳	26
利普尼克	8
拉蒂博里斯	4

测量老虎身长的时候要不要连尾巴一起量呢？

轻松举起！

0.5升
1升
0.33升

汽水

小杯、大杯和超大杯
饮料的解渴程度不一样。

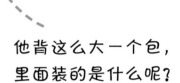

35升

75升

他背这么大一个包，
里面装的是什么呢？

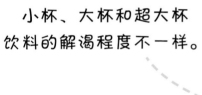

10千克

1000毫米
500毫米
400毫米

阿黛尔长大了，
她需要一把大点的椅子。

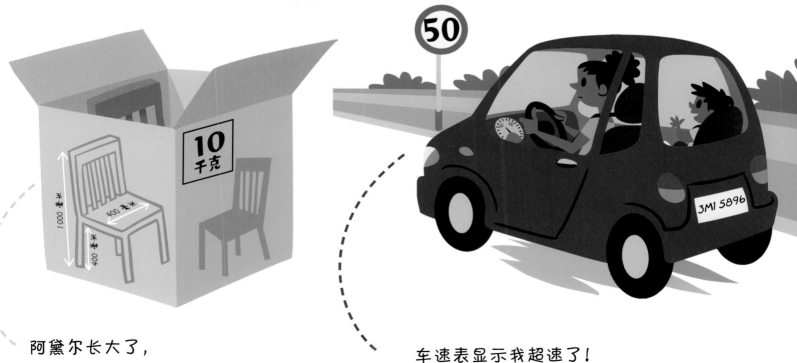

50

3M1 5896

车速表显示我超速了！

数字
制定规则

在某些状况下或在特定地点，数字会制定规则，如规定在公路上的最高车速是多少，车辆能否钻过桥洞，以及在邮局排队时何时能轮到自己。数字告诉人们该如何做，进而规范人们的行为，维持社会秩序。

我又来晚了，明天还得来一趟。

玩具店

营业时间
9:00 ~ 17:00

根据第173条，
你被判处15年监禁。

第40/2009号法案，
第173条第3段

5632

法官

真可惜，
我也想试一下！

仅限
6~12岁

我还要等好久。

收银台

72

P118

17

每种游戏都有
自己的规则。

你能找出5处不同吗？

试衣间

对不起女士，
你多拿了2件衣服。

最多试穿
3件衣服

转弯时应该
减速。

车能不能
过去呢？

3.8米

90

30

你又长高了。

2021/3/12
112 厘米
2019/4/3
98 厘米
2018/5/5
83 厘米

数字
透露个人信息

数字和个人信息联系紧密，年龄、身高、体重、鞋码等都用数字表示，因此不能轻易告诉别人。但去医院体检或想买新鞋的时候，你必须告诉医生或售货员。做新衣服之前要让裁缝量一下尺寸才能确保衣服合身。如果地址中的数字填错的话，就收不到好友寄来的明信片了。

也长胖了。

0 10 20 30 40
千克

安妮：
    你还好吗？我过得还不错！我每天都会骑自行车和游泳。我还在读一本很有趣的书。等下次见面的时候我要跟你分享这本书。

                米娅

捷克共和国
沃德尼亚尼市
安姆·克拉特卡·泽勒娜路16号
邮编389 01

快到三年级教室！马上开始上课了。

哇！米娅给我寄了张明信片。幸亏我把地址给了她。

安姆
38

再量一次。

你的脚比我大多少？

艾米莉今天8岁了，
生日快乐！

3B

体温38.2度，
情况不太好。

外币兑换

$	USD	22.30
C$	CAD	17.38
J¥	JPY	19.68
€	EUR	25.23
£	GBP	29.65
¥	CNY	3.49

今天欧元的汇率
比较高。

3，2，1
新年快乐！

数字
传达世界讯息

数字能够丈量世界：山的高度、城市之间的距离……数字还能显示

地球上的总人口数、不同国家的货币兑换汇率，等等。这些数字传

达的信息既有用又有趣，能够让人们更加了解世界。

本初子午线

一只脚在西半球，
另一只脚在东半球。

36